低糖、低脂肪、低卡路里，健康又美容

零负担豆腐甜品

U0278110

［日］铃木理惠子　著

华夏出版社
HUAXIA PUBLISHING HOUSE

图书在版编目（CIP）数据

零负担豆腐甜品 / （日）铃木理惠子著；梁华译 . —— 北京：
华夏出版社，2019.3

（美味豆腐甜品系列）

ISBN 978-7-5080-9652-0

Ⅰ . ①零… Ⅱ . ①铃… ②梁… Ⅲ . ①豆腐 – 菜谱 Ⅳ . ① TS972.123.3

中国版本图书馆 CIP 数据核字 (2019) 第 007467 号

OISHII TOFU SWEET : tei–toshitsu, tei–shibo, tei–calorie de healthy & beauty

by RIEKO SUZUKI

Copyright © 2013 RIEKO SUZUKI

Original Japanese edition published by Seibundo Shinkosha Publishing Co., Ltd.

All rights reserved

Chinese (in simplified character only) translation copyright © 2019 by Huaxia Publishing House

Chinese(in simplified character only) translation rights arranged with Seibundo Shinkosha Publishing Co., Ltd. through

Bardon–Chinese Media Agency, Taipei.

Creative Staff

Art direction ／ Design：大橋 義一〔Gad Inc.〕

Photograph：石川 登

Edition ／ Writing：磯山 由佳

監修：一般財団法人　全国豆腐連合会

版权所有　翻印必究

北京市版权局著作权合同登记号：图字 01-2017-6908 号

零负担豆腐甜品

作　　者	［日］铃木理惠子	版　　次	2019 年 3 月北京第 1 版	
译　　者	梁　华		2019 年 3 月北京第 1 次印刷	
责任编辑	赵　楠	开　　本	787×1092　1/16	
美术设计	殷丽云	印　　张	6.25	
责任印制	周　然	字　　数	70 千字	
出版发行	华夏出版社	定　　价	48.00 元	
经　　销	新华书店			
印　　刷	北京华宇信诺印刷有限公司			
装　　订	三河市少明印务有限公司			

华夏出版社 网址 :www.hxph.com.cn 地址：北京市东直门外香河园北里 4 号 邮编：100028

若发现本版图书有印装质量问题，请与我社营销中心联系调换。电话：（010）64663331（转）

豆腐与豆制品的潜在价值

　　豆腐、油豆腐、豆浆、豆渣等都是以大豆为原料的豆制品，均具有高蛋白、低卡路里的特点，因此被认为是具有代表性的"健康食材"，是营养价值极高的传统食品。大豆异黄酮，因具有与女性荷尔蒙（雌激素）相类似的作用，而备受那些追求"健康美丽、由内而外"的女性青睐，并越来越多地出现在她们每天的餐桌上。

　　近来，这些食材不仅出现在日餐、中餐当中，也成为法餐、意餐等西餐的原材料，日益受到全世界广泛关注。

　　尤其是豆渣，因其富含现代人普遍缺乏的不可溶食物纤维（每日理想摄取量，成年男性为20g，女性为17g，但实际摄入量仅一半）、不饱和脂肪酸之一亚麻油酸、卵磷脂、胆碱等，被誉为"营养宝库"，备受关注。本联合会支持诸多菜谱类书籍的发行，与此同时，也通过各类活动以多种方式大力推动豆制品的普及和发展。

　　在本书中，豆腐、油豆腐、豆浆、豆渣等豆制品，在全新思维方式中变身为甜品，希望本书能够帮助大家提升对豆制品的营养价值以及实用性的了解和认知，并希望今后豆制品在食材领域中的应用更加广泛。

　　日本一般财团法人　日本全国豆腐联合会（日本全豆联）

前　言

近年来，人们对"diet（膳食）"一词的理解有了相当大的变化。

过去，diet 曾经完全被等同于瘦身，而现在，人们越来越多地用"diet"一词来阐述这样一种生活方式：不仅包括保持身材、保养皮肤和护理头发、减体脂等生活细节，同时也包括追求身心健康。

本书中介绍的食谱，全都采用了豆腐、豆浆、豆渣、油豆腐、冻豆腐干、豆腐皮等豆腐制品。这些豆制品几乎都是低糖食材，与一般的甜点食材相比，脂肪和卡路里也低。

众所周知，豆腐制品中所含纤维素、大豆异黄酮对皮肤有益，且有助于控制体重。

为了控制糖分及卡路里的摄入，在本书中，以代糖作为甜味剂。

食谱中所用 LAKANTOs 以及零卡 PAL SWEET* 这两种甜味剂，品如其名，卡路里为零或接近于零，是市面上很容易买到的代糖。

考虑两种代糖产品各自的特点，在本书中，凡是需要加热加工的食谱，都推荐使用 LAKANTOs，凡是不需要加热的食谱，都推荐使用零卡 PAL SWEET。

代糖、白砂糖、蜂蜜等甜味剂的口感风味是不一样的。读者可按自己的需求、喜好，用白砂糖或蜂蜜代替书中的代糖。

如果我们说一个人美，是指他的心身都很健康。

说到体型、体质、生活方式等，我们人各有异，但在追求"健康好吃的食物让我们更美、更有活力"这一点上，我相信每个人的心愿都是相同的。

在追求美和健康的道路上，真心希望本书中的食谱能为您助力。

[日] 铃木理惠子

* PAL SWEET 的甜度相当于普通白砂糖的三倍。如果使用白砂糖，应注意使用分量为食谱中所述甜味剂的三倍。

The
Tofu
Dessert
and
Baking
Book

Contents

低糖、低脂肪、低卡路里，健康又美容

零负担豆腐甜品

【本书规则】

1. 书中所用豆腐均为南豆腐，所用豆浆为未经二次加工型。

2. 所用黄油为无盐型。

3. 所用寒天、明胶皆为粉状。

4. 所用鸡蛋默认为中等大小。

5. 所用白砂糖均可用三温糖等代替。

6. 书中所述 1 大匙为 15ml，1 小匙为 5ml，1 杯为 200cc。

7. 烤箱烤制时间为大致参考时间。具体时间因烤箱型号不同各异，请读者根据实际使用的烤箱自行调整设定烤制时间。

8. 书中所用代糖零卡 PAL SWEET，其甜度相当于白砂糖的三倍。所以，如果使用白砂糖，应注意使用分量为书中所述甜味剂的三倍。

【免责事项】

* 本书中所使用的 LAKANTO s 及零卡 PAL SWEET，均为注册商标商品。本书未将注册商标标志 R 载入。

* 我们希望本书食谱万无一失，但对读者在实际操作中万一出现的受伤、烫伤、身体不适、机器破损、其他受损等，作者及本书发行单位概不负责任。

豆腐
甜品
Using Tofu.

PART 1　豆腐甜品
Using Tofu.

豆腐，从古代中国传来日本。

不仅含有优质植物蛋白，

还富含促进雌激素分泌的大豆异黄酮，

以及促进脂肪代谢的胆碱。

豆腐
甜品
Using Tofu.

毛豆提拉米苏
Edamame Tiramisu

178 大卡
（1个）

奶油的清淡柔和，
与毛豆的家常味道相遇。
具有与浓郁版提拉米苏迥异的独特口味。

a   b   c

材料　4个用量

盐水煮毛豆（剥去豆膜）……… 150g
南豆腐……………………………… 100g
鲜豆渣……………………………… 60g
脱水酸奶…………………………… 100g
鲜奶油……………………………… 60cc
白砂糖……………………………… 2 大匙
LAKANTOs ……………………… 20g
朗姆酒……………………………… 少许
抹茶粉……………………………… 适量

制作步骤

① 将鲜奶油与白砂糖混合打发起泡至
　九分时，加入南豆腐、脱水酸奶，
　轻柔搅拌。（图 a）
② 用专用器具将毛豆与 LAKANTOs 压
　碎，加入鲜豆渣、朗姆酒，搅拌均
　匀后再次压碎。（图 b）
③ 在杯中分层交替放入①和②，放满
　四层后，在最上层表面撒抹茶粉。
　（图 c）

小贴士

·脱水酸奶的制法：将普通酸奶倒入
　咖啡滤纸，置于筛网上，在冰箱冷
　藏室内放置一夜。
·食材中的奶油使成品不易成型，故
　建议以杯为容器。

戚风蛋糕
Chiffon Cake

68 大卡
（1/12 个）

因绵软口感而颇受欢迎的戚风蛋糕。
健康烘焙，保留了豆腐的细嫩水感。

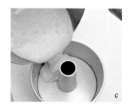

a b c d

材料　直径 17cm 戚风蛋糕模一次用量

鸡蛋（蛋清与蛋黄分离）⋯⋯⋯⋯3 个
南豆腐⋯⋯⋯⋯⋯⋯⋯⋯⋯⋯⋯⋯100g
白砂糖⋯⋯⋯⋯⋯⋯⋯⋯⋯⋯⋯⋯30g
LAKANTOs⋯⋯⋯⋯⋯⋯⋯⋯⋯⋯40g
低筋粉⋯⋯⋯⋯⋯⋯⋯⋯⋯⋯⋯⋯70g
发酵粉⋯⋯⋯⋯⋯⋯⋯⋯⋯⋯⋯1 小匙
盐⋯⋯⋯⋯⋯⋯⋯⋯⋯⋯⋯⋯⋯⋯少许

制作方法

① 在蛋清液中加入白砂糖，充分打发。
　打至九分时加入少许盐。（图 a）
② 将蛋黄与 LAKANTOs 混合，再加入
　豆腐，用搅拌器轻柔搅拌。（图 b）
③ 低筋粉与发酵粉筛匀后，加入②
　中，简单搅拌。
④ 从①中取 1/3 量，加入③中，充分
　混合。
⑤ 分两次将剩下的①加入④中，简单
　搅拌后倒入蛋糕模具中。（图 c）
⑥ 从 10 厘米左右的高度轻摔模具，
　帮助去除气泡，放入预热至 170 度
　的烤箱内，烤 40 分钟。

⑦ 出炉后，将模具倒置在红酒瓶嘴
　上，直至其完全冷却。（图 d）

小贴士

·入烤箱后 10 分钟左右时，在蛋糕坯
　上以放射线切开，更易蓬松。
·出炉降温后，应以塑料袋等把蛋糕
　连同模具包起，防止失水，以保持
　蛋糕口感。

烤青柠派
Baked Lime Pie

71 大卡
（1/12 个）

酸甜配比绝佳，清爽适口。
青柠香气是亮点。

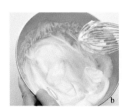

a　　　b　　　c　　　d

材料　18cm 派皮所需一次用量

* 派皮

鲜豆渣	150g
低筋粉	50g
植物油	1 大匙
LAKANTO s	20g
盐	少许

* 馅料

鸡蛋（蛋清与蛋黄分离）	2 个
炼乳	40g
南豆腐	80g
LAKANTOs	50g
青柠汁	50ml
寒天粉	1/2 小匙
盐	少许
鲜奶油	50ml
青柠片	适量

制作方法

① 制作派皮。在模具内壁涂抹黄油或放置烘焙膜，将所有材料放入塑料袋中混合，填入模具中。用叉子均匀戳孔，放入预热至 200 度的烤箱内，烤制 12 分钟。（图 a）

② 蛋清液与盐混合，充分打发。（图 b）

③ 用打蛋器将蛋黄与 LAKANTOs 打匀，加入炼乳、豆腐，用电动搅拌棒轻柔搅拌。再加入寒天粉、青柠汁，继续搅拌。

④ 取一半②加入③中，充分混合。再加入剩下的一半，注意保持起泡，倒入派皮中。（图 c）

⑤ 放入预热至 180 度的烤箱内，烤制 30 分钟。待完全冷却后，以奶油、青柠片装饰。（图 d）

小贴士

· 制作派皮时，各材料混合后切忌过多揉搓，应尽快完成。

· 在步骤③中，如果加入青柠皮丝，风味更佳。

豆腐
甜品
Using Tofu.

蒙布朗
Mont Blanc

194 大卡
（1个）

用豆腐也可做出大受欢迎的蒙布朗。
栗蓉奶油十足，惊喜的是低卡路里！

a

b

c

材料　4 个用量

甜栗仁	200g
南豆腐	100g
奶油奶酪	50g
零卡 PAL SWEET	10g
豆腐戚风蛋糕 4–6cm 见方	4 块
白兰地	适量
栗仁	4 个

制作方法

① 栗仁用微波炉加热 30 秒，使其变
软。（图 a）

② 把除戚风蛋糕之外的所有材料混
合，用电动搅拌棒轻柔搅拌，制成
奶油栗蓉。（图 b）

③ 在每张蛋糕纸中央分别放置一片戚
风蛋糕。将②放入挤花袋中，在戚
风蛋糕周围从下而上挤出漩涡状圆
锥体。（图 c）

④ 圆锥上方以栗仁装饰。

小贴士

·奶油栗蓉放入挤花袋后，先在冰箱
冷藏室内静置 30 分钟，更易操作。

豆腐
甜品
Using Tofu.

卡萨塔 *
Cassata

59 大卡
1/12 个

洋酒渍水果，属于成人的味道。
亦可用于待客的冷甜品。

a

b

c

材料 直径 15cm 蛋型模具一次用量

南豆腐·······················100g
无脂酸奶·····················100g
鲜奶油······················100cc
零卡 PAL SWEET···············5g
洋酒渍水果干················2 大匙
杏干··························3 个
开心果·······················适量
手指饼·······················适量

制作方法

① 将鲜奶油打发至九成，与南豆腐、酸奶、零卡 PAL SWEET 混合，用电动搅拌棒轻柔搅拌。（图 a）
② 将切碎的洋酒渍水果干与杏干放入①中搅匀。开心果切块，放入搅匀。（图 b）
③ 在模具中铺好食品，将②倒入，在最上层摆好手指饼，再置于冰箱冷冻室内冷冻。（图 c）
④ 用热水从外部给模具加热数秒，倒扣出来即可。

小贴士

· 不喜欢酒味的人，可用葡萄汁代替洋酒。

＊意大利冰激凌蛋糕

豆腐
甜 品
U s i n g T o f u .

甜菜慕斯
Beetroot Mousse

73 大卡
1个

甜菜色彩鲜艳，是女性钟爱的健康蔬菜。
此款甜品口感轻盈，可补充营养，
食欲不振之时不妨一试。

a

b

c

d

材料　4 个用量

水煮甜菜……………………… 50g
南豆腐…………………………… 100g
无脂酸奶………………………… 150g
明胶粉…………………………… 8g
水…………………………………30cc
柠檬汁……………………………30cc
蓝莓酱（低糖）……………… 2 大匙
零卡 PAL SWEET………………… 1 小匙
装饰用蓝莓……………………… 适量

制作方法

① 用水和柠檬汁将明胶粉化开，一边加温一边使其充分溶解，水温以不沸腾为准。（图 a）
② 将剩下的所有材料放入碗中，用电动搅拌棒搅拌。（图 b）
③ 将①和②充分混合后，连碗一起置于冰箱冷藏室内冷却。待其接近凝固时取出，用打蛋器打发至起泡。（图 c）
④ 将③均分在布丁杯中，置于冰箱冷藏室内待其冷却凝固。（图 d）
⑤ 将装饰用蓝莓置于④上。

小贴士

· 如果使用罐头瓶装甜菜，应先用水冲洗，去除罐装味。

椰奶果冻

Haupia

72 大卡
1/4 个

浓浓的椰奶香，夏威夷最有名的甜品。
非常适合在炎热夏季或休闲一刻品尝！

a

b

c

材料 约 20cm × 10cm 容器 1 次用量

椰奶	100g
南豆腐	150g
无脂牛奶	50cc
零卡 PAL SWEET	1 大匙
盐	少许
明胶粉	10g
椰子露	1 大匙

制作方法

① 把明胶粉加入无脂牛奶中化开，加温使其溶解，注意勿沸腾。

② 把零卡 PAL SWEET 加入①中，使其溶解。（图 a）

③ 把椰奶、南豆腐、盐、椰子露混合起来，用电动搅拌棒搅拌，再倒入②，混合均匀。（图 b）

④ 把③用筛子过滤在容器中，放进冰箱冷藏室内冷却使其凝固。（图 c）

⑤ 凝固成型后，适当切分成块。也可与热带水果同食。

小贴士

·椰子露可根据个人口味添加或不添加。

巧克力舒芙蕾蛋糕
Chocolate Soufflé Cake

79 大卡
1/12 个

黑巧克力与朗姆酒味道浓郁，成人口味的蛋糕。
口感轻柔蓬松，却有浓郁丰厚的饱腹感。

材料 无底圆形模具，直径约 15cm，1 次用量

南豆腐	100g
黑巧克力	100g
豆浆	3 大匙
纯可可	3 大匙
玉米淀粉	2 大匙
鸡蛋（蛋清蛋黄分离）	2 个
朗姆酒	1 大匙
LAKANTOs	5 大匙
盐	少许

制作方法

① 蛋清加盐充分打发。（图 a）

② 巧克力掰碎后与豆浆一起放在碗中，隔水加热至完全溶解。（图 b）

③ 剩下的其他材料放在碗里，用电动搅拌棒或打泡器轻柔搅拌。

④ 把③与②迅速混合在一起。

⑤ 在④中加入 1/3 的①，混合。其他①分两次加入，小心搅拌，避免破坏气泡。（图 c）

⑥ 模具底部用铝膜包好，把⑤注入其中，放入预热至 170 度的烤箱内，隔水烤制 40 分钟。（图 d）

小贴士

· 出炉趁热吃也很美味。如吃凉的，可在稍加散热后，以食用保鲜膜包裹好，置于冰箱冷藏室内冷却。应在 2-3 天之内吃完。

PART 2 豆浆甜品

Using SoyMilk.

豆浆，系把大豆煮熟之后研碎、过滤而成。

易入口、易消化吸收。

所含皂苷成分具有极强的抗氧化作用，

抗衰老效果好。

豆浆
甜品
Using SoyMilk.

常用的两种点心酱
Custard Cream / Milk Cream

豆浆卡仕达酱　　　豆浆奶油酱

58 大卡
1 人份

43 大卡
1 人份

这两种点心酱以柔和的豆浆为主料，
分别是豆浆卡仕达酱和豆浆奶油酱。

a

b

e

c

d

f

豆浆卡仕达酱

材料　1人份用量58大卡　合50cc

豆浆·····································220cc
蛋黄···2 个
LAKANTOs ·······················70g
低筋粉·································2 大匙
香草精油·································适量

制作方法

① 把蛋黄和白砂糖放在耐热容器中，
　加入筛匀的低筋粉混合。（图 a）
② 把豆浆一点点加入①中，注意不要
　结成疙瘩。（图 b）

③ 不用加保鲜膜，直接放入微波炉中
　高火加热。1分钟后取出，充分搅
　拌均匀。
④ 反复进行"微波加热30秒，取出
　后搅匀"这一过程，直至材料性状
　如泥。（图 c）
⑤ 形成泥状后，加入香草精油，用细
　筛过滤。
⑥ 用保鲜膜覆盖，置于冰箱冷藏室内
　冷却。（图 d）

豆浆奶油酱

材料　1人份用量43大卡　合50cc

豆浆·····································240cc
脱脂牛奶·······························2 大匙
LAKANTOs ·······················45g
玉米淀粉·······························2 大匙
香草精油·································适量

制作方法

① 在碗状容器中把蜂蜜、脱脂牛奶、
　玉米淀粉混合搅匀。（图 e）
② 把豆浆一点一点地加入到①中，注
　意不要形成疙瘩。（图 f）
③ 后面的步骤与豆浆卡仕达酱相同。

白桃蛋挞
White Peach Tart

267 大卡
1 个

糖水白桃下隐藏着的卡仕达酱与蛋挞皮相遇。
一口之间尽享两种截然不同的口感。

材料　迷你蛋挞模具 4 个用量

全麦粉·····························1 杯
豆浆·····························3 大匙
LAKANTOs·····················2 大匙
盐·································少许
色拉油···························15cc
豆浆卡仕达酱·····················200cc
糖水白桃（罐头装）···半个白桃 ×4 块
白葡萄酒··························100cc
枸杞、薄荷叶······················适量

制作方法

① 在蛋挞模具中抹好黄油或铺好纸膜，把全麦粉、豆浆、LAKANTOs、盐、色拉油混合，初步搅匀后，浅浅地注入模具中。（图 a）

② 用叉子在①的表面各处扎孔，放入预热至 200 度的烤箱内，烤制 10 分钟后待其自然冷却。（图 b）

③ 白桃置于耐热容器中，加入白葡萄酒，覆以保鲜膜，微波炉加热 2 分钟。加入枸杞，置于冰箱冷藏室内冷却。（图 c）

④ 在冷却后的蛋挞皮中加入豆浆卡仕达酱，上边摆放③中的白桃，再用枸杞和薄荷叶装饰。（图 d）

日向夏柑橘蛋糕
Citrus Cake

102 大卡
1/6 个

足够多的新鲜日向夏柑橘!
每一口，都能品尝到新鲜的酸味。

材料　17cm×8cm 重磅蛋糕模具 1 次用量

低筋粉	150g
豆浆	100cc
发酵粉	2 小匙
LAKANTOs	60g
日向夏柑橘汁	30cc
盐	少许
有机日向夏柑橘片、柑橘皮	适量

制作方法

① 把低筋粉、发酵粉、LAKANTOs、盐混合起来筛匀备用。(图 a)

② 豆浆、日向夏柑橘汁混合，加入①，再加入切碎的日向夏柑橘皮搅拌。(图 b)

③ 在模具中涂好黄油并撒一层面粉，或铺好纸膜后，把②倒入，并在表面平铺日向夏柑橘片。(图 c)

④ 放入预热至 180 度的烤箱内，烤制 30 分钟，用牙签插一下，确认牙签上没有带出材料即可。

小贴士

· 用食用保鲜膜包裹以防干燥，冷藏保存。吃之前可稍微烘烤一下。

豆浆
甜品
Using SoyMilk.

卡布奇诺啫喱
Cappuccino Jelly

55 大卡
1个

微苦的咖啡啫喱，甜美的豆浆啫喱，
弹性口感，双层甜蜜。

a

b

c

材料　4个用量

水·······················400cc
寒天粉·····················1.5 小匙
速溶咖啡·····················2 大匙
LAKANTOs·····················4 大匙
豆浆·······················400cc
明胶粉·······················10g
咖啡豆·······················适量

制作方法

① 在锅里加入水和寒天粉，充分搅匀后加热。沸腾后约1分钟关火，小心加入LAKANTO s的一半量以及速溶咖啡。

② 把①放在冰箱冷藏室内冷却凝固，切分成大块盛在杯中，或打碎后均分在杯中。（图 a）

③ 用豆浆把明胶粉化开，加热促使其溶解，注意不可沸腾。（图 b）

④ 把一半③均等加入②的杯中，放入冰箱冷藏室冷却凝固。（图 c）

⑤ 把剩余的啫喱液也放入冰箱冷藏室内冷却，待其凝固成型后，用打蛋器充分打发。

⑥ 把⑤均等地淋在④上，用咖啡豆装饰。

小贴士

· 上桌前还可以撒些肉桂粉。

蜂蜜苹果玛芬蛋糕
Honey Apple Muffin

125 大卡
1个

蜂蜜、苹果，自然的味道，随心品尝。

融融暖意，天然味道，最适合惬意的早午餐！

a

b

c
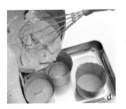
d

材料 大号玛芬蛋糕模 4 个用量

红玉苹果（切片）··················	半个
全麦粉··························	100g
发酵粉··························	1 小匙
豆浆····························	60cc
LAKANTOs···················	50g
鸡蛋··························	1 个
肉桂粉··························	1 小匙

制作方法

① 苹果切成薄片，撒一大匙 LAKANTOs。（图 a）

② 鸡蛋与豆浆混合，加入剩下的 LAKANTOs，充分搅匀。（图 b）

③ 全麦粉、发酵粉、肉桂粉混合筛匀，加入②中简单搅拌。（图 c）

④ 把③加入①中，小心搅拌，勿使结块，均分在玛芬蛋糕模中。（图 d）

⑤ 放入预热至 180 度的烤箱内，烤制约 20 分钟。

豆浆
甜品
Using SoyMilk.

焙茶软糕
Roasted Green Tea Marshmallow

9 大卡
1/12 个

健康的焙茶，优雅的软糕。

糯而 Q 弹……

新鲜的口感，在嘴里缓缓扩散。

 a

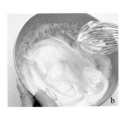 b

 c

 d

材料　约 15cm × 10cm 的容器一次用量

材料	用量
蛋清	1 个
焙茶	1 大匙
明胶粉	10g
豆浆	50cc
LAKANTOs	1 大匙
黑糖	1 小匙
盐	少许
玉米淀粉	1 大匙

制作方法

① 焙茶放入豆浆，加热略煮。放凉至体温时，加入明胶粉化开。(图 a)

② 蛋清加盐后充分打发。(图 b)

③ 再次加热①（勿使沸腾），使明胶粉溶解。再加入 LAKANTOs 和黑糖，使其溶解。

④ 把 1/3 的②加入③中，充分搅匀。剩下的 2/3 分两次加入，简单搅拌。

⑤ 容器内铺好食品保鲜膜后，倒入④。(图 c)

⑥ 从 10 厘米的高度轻落摔下，排去多余的气体，放入冰箱冷藏室内冷却凝固。

⑦ 凝固成型后切分，在侧面撒上玉米淀粉。(图 d)

小贴士

·密闭容器保存，尽快食用。

白巧慕斯
White Chocolate Mousse

108 大卡
1个

白慕斯配红果酱，色彩鲜艳的一款甜品。
酸甜树莓，更激发巧克力的内在浓香。

a b c d

材料　4个用量

白巧克力	50g
豆浆	60g
蛋清	2个
零卡 PAL SWEET	1 大匙
白砂糖	1 小匙
水	2 大匙
明胶粉	8g
树莓酱	适量
装饰用薄荷叶	适量

制作方法

① 用水将明胶粉化开，一边加温一边使其充分溶解，水温以不沸腾为准。（图 a）

② 把切碎的白巧克力与豆浆混合，隔水加热至白巧克力完全溶解。（图 b）

③ 在蛋清中加入白砂糖，充分打发。（图 c）

④ 将①与②充分混合均匀后，加入③，大略搅拌，注意保持气泡的完整。（图 d）

⑤ 将④倒在保存容器中，置于冰箱冷藏室，待其冷却凝固。用大汤匙取到盘子里，用树莓酱及薄荷叶装饰。

豆浆
甜品
Using SoyMilk.

玉米布丁
Sweet Corn Pudding

122 大卡
1个

带有柔和甜味的玉米粉颗粒，

这口感令人怀旧，但又如此新颖。

玉米的美味得以完全保留的一款甜品。

a

b

c

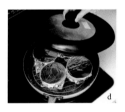
d

材料 4个用量

玉米蓉	200cc
豆浆	200cc
鸡蛋	大号的 3 个
LAKANTOs	20g
盐	少许
香草油	适量

制作方法

① 将 LAKANTOs 放入温热的豆浆中，至其溶解。（图 a）

② 把①倒入玉米蓉中，再加入搅匀的鸡蛋液和香草油，充分搅拌。如果希望成品口感更细腻，可用竹筐过滤。（图 b）

③ 把②均量地倒入锅形模具中，每一个都用铝箔盖好。（图 c）

④ 在锅中加水，水位约等于锅形模具高度的 1/3，将水加热至沸腾后转至最小火，把③置于锅中蒸制 10 分钟。（图 d）

⑤ 把铝箔揭开少许，轻轻晃动模具，感觉食材表层已有弹性时即可熄火。静置 15 分钟。

小贴士

· 在步骤⑤中，如果发现食材还呈液态，应继续以小火加热 5-10 分钟后再次观察。

· 根据个人喜好，还可淋上枫糖露或蜂蜜，别具风味。

豆浆
甜品
Using SoyMilk.

若草可丽饼
Green Crépe Roll

120 大卡
1 人分

薄饼里包着颤颤悠悠的寒天！

热腾腾与凉丝丝，

能一口品尝到。

a　　　　　　　b　　　　　　　c　　　　　　　d

材料　4 人份用量

低筋粉 ···················· 60g

青汁粉 ················· 1/2 大匙

豆浆 ····················100cc

LAKANTOs ············ 2 小匙

盐 ······················· 少许

融化黄油 ·············· 2 小匙

煮红豆 ················· 4 大匙

寒天粉 ····················· 2g

水 ·······················200cc

制作方法

① 低筋粉、青汁粉、LAKANTOs、盐分别加入豆浆中，搅匀。

② 把融化黄油加入①中，在冰箱冷藏室内静置 30 分钟。（图 a）

③ 在锅里放入水和寒天粉，一边搅拌一边加热。沸腾 1 分钟后熄火，降温后放入冰箱冷藏室内，待其冷却凝固。（图 b）

④ 加热带有不粘层的平底煎锅，把②等分为四份，摊制成四个薄饼。（图 c）

⑤ 把切成小方块的寒天和红豆放在薄饼上，卷起来或包起来。（图 d）

小贴士

·最后如果添加鲜奶油和红豆馅，效果更好。

蜂蜜生姜与豆浆啫喱
Honey Ginger Layered Jelly

140 大卡
1 个

生姜的辣味带来微妙的甜味。
敲碎后盛杯，更添清凉感！

a　b　c　d

材料　4 个用量

* 豆浆啫喱

豆浆·····················220cc
炼乳·····················3 大匙
明胶粉·····················5g

* 蜂蜜生姜啫喱

蜂蜜·····················3 大匙
柠檬果汁及果肉·····················2 个
生姜末·····················1 小匙
水·····················400cc
明胶粉·····················10g
零卡 PAL SWEET·····················1.5 小匙
装饰用薄荷叶、鲜奶油·····················适量

制作方法

① 制作豆浆啫喱。明胶粉以 50cc 豆浆化开，加热促使其溶解，注意不要热至沸腾。（图 a）

② 先加入炼乳，再加入剩余的豆浆，混合均匀。

③ 把②均等注入玻璃杯等容器中，置于冰箱冷藏室内，使其冷却凝固。（图 b）

④ 制作蜂蜜生姜啫喱。明胶粉以 200cc 水化开，加热促使其溶解，注意不要热至沸腾。

⑤ 向④中依次加入剩余的水、蜂蜜、柠檬果汁及果肉、生姜末、零卡 PAL SWEET，混合均匀后置于冰箱冷藏室内冷却凝固。成型后，将其击打为碎块。（图 c）

⑥ 把⑤均等地置于③上，再以薄荷叶、鲜奶油加以装饰。（图 d）

PART 3 用新鲜豆渣做甜品

Using Okara.

豆渣，即制作豆浆时滤掉的固体部分。

含有极为丰富的食物纤维，是天然的健康瘦身食材。

只需很少的量就能带来饱腹感，并具有清理肠道的功效。

新鲜豆渣宜尽快食用，也可分小份冷冻保存。

红天鹅绒蛋糕
Red Velvet Cake

88 大卡
1 个

口感如天鹅绒般润滑，是美国最受欢迎的蛋糕。
新鲜豆渣，控制油脂，健康看得见！

材料　5号小杯蛋糕×16个用量
* 蛋糕坯

新鲜豆渣	80g
鸡蛋	1个
低筋粉	100g
LAKANTOs	100g
豆浆	80cc
色拉油	80cc
柠檬汁	20cc
香草精油	适量
可可粉	2 大匙
食用红色素	1 小匙
小苏打、盐	各半小匙

* 蛋糕冠

奶油奶酪	40g
香蕉	20g
糖粉	20g

制作方法

① 把低筋粉、LAKANTOS、食用红色素、可可粉、小苏打、盐混合筛匀。（图 a）

② 把制作蛋糕坯所需其他材料放入深碗中混合，加入①后搅匀。（图 b）

③ 把②均等地加入杯状蛋糕模具中，放入预热至180度的烤箱内，烤制约20分钟。静置待其冷却。（图 c）

④ 把蛋糕冠所需材料全部混合在一起，用搅拌器轻柔搅拌。（图 d）

⑤ 把④装入挤花袋中，挤在蛋糕坯上。根据个人喜好用巧克力碎（材料之外）装饰。

小贴士

· 蛋糕坯烤好后如能放置一晚，效果更佳。

玛德琳蛋糕

Madeleine

80 大卡
1个

黄油味浓郁的玛德琳蛋糕，
使用足量豆渣，口感好且健康，
控制热量摄入时期也可安心食用。

a

b

c

d

材料　贝壳模具6个用量

新鲜豆渣	50g
低筋粉	50g
豆浆	20cc
鸡蛋	1个
LAKANTOs	50g
融化黄油	20g
烘焙粉	1小匙
白兰地	1小匙
香草精油	适量

制作方法

① 把新鲜豆渣、鸡蛋、豆浆放在容器内充分搅匀，加入LAKANTOs、白兰地、香草精油后再次搅匀。（图a）

② 把低筋粉与烘焙粉混合在一起筛匀，加入①中搅拌，注意不要结成疙瘩。（图b）

③ 把融化黄油加入②中，迅速搅匀。（图c）

④ 在模具中事先涂好黄油（材料之外）、撒好低筋粉，再把③均等地倒入模具中，放入预热至170度的烤箱内，烤制约20分钟。（图d）

小贴士

·如果使用焦黄油，风味更佳。

枫糖南瓜蛋糕
Maple Pumpkin Cake

116大卡
1个

浑圆可爱的南瓜与枫糖浆简直是绝配！
令人口腹满足，口味超棒。

a

b

c

材料 玛芬蛋糕杯4个用量

新鲜豆渣	100g
豆腐	100g
南瓜（加热并压碎）	100g
LAKANTOs	20g
脱脂奶粉	20g
脱脂牛奶	50cc
枫糖浆	25g
寒天粉	2g
融化黄油	1大匙
朗姆酒	1小匙
肉桂粉	少许

制作方法

① 把所有材料放入深容器内。（图a）
② 用搅拌器轻柔搅拌。（图b）
③ 把②均等分在模具中。放入预热至 180度的烤箱内，烤制约20分钟。（图c）

小贴士

· 烤好后的蛋糕，如能在冰箱中放置一晚，则风味更佳。

摩卡布朗尼
Mocha Brownie

80 大卡
1/12 块

可可与咖啡，甜与苦的微妙结合，
更有核桃仁带来的清香口感。

a　　　　　　b　　　　　　c

材料　15cm×15cm 方形模具 1 次用量

新鲜豆渣	200g
LAKANTOs	70g
红糖	20g
鸡蛋	2 个
融化黄油	3 大匙
脱脂奶粉	20g
可可粉	2 大匙
速溶咖啡粉	2 大匙
核桃仁	40g
糖粉	适量

制作方法

① 把除了核桃仁和糖粉之外的所有材料放入深碗中混合，用搅拌器搅拌。（图 a）

② 核桃仁略炒后切成较大的碎块，放入①中，大致搅匀。（图 b）

③ 用黄油涂抹模具，或在其中撒以淀粉，或铺以烤纸，把②倒入模具中。放入预热至170 度的烤箱内，烤制约 30 分钟。（图 c）

④ 待③完全冷却后，根据个人喜好，在上面撒糖粉。

美味蒸糕
Steamed Yam Cake

84 大卡
1/12 块

来自日本芋头的浓浓的滋养感，
再加上豆渣带来的弹性口感，
是一款令人怀念的甜点。

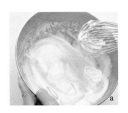

材料 1块用量

新鲜豆渣·····················60g

蛋清··············1 个鸡蛋量

日本芋头（削皮）············150g

优质粳米粉·················80g

白砂糖····················120g

水······················150cc

制作方法

① 在蛋清中加入 10 克白砂糖，充分打发起泡。（图 a）

② 把日本芋头、水、剩余的白砂糖、新鲜豆渣混合在一起，用搅拌器搅拌。（图 b）

③ 在②中加入粳米粉、1/3 量的①，充分搅拌。

④ 把剩下的①加入③中，大致搅拌后，倒入覆有保鲜膜的塑料容器中。（图 c）

⑤ 在④的表面覆以食品保鲜膜，用竹签扎几个孔，用微波炉高火加热 1.5分钟，再转低火加热 2 分钟。（图 d）

⑥ 如果还不成型，根据情况可继续用低火加热 1 分钟。

⑦ 大致散热后，将蛋糕从容器中取出，用干燥的食品袋重新包装好，待其冷却。

小贴士

·日本芋头也可以用山药代替。

御手洗团子

Okara Dumpling with Sweet Soy Glaze

80 大卡
1 人份
（3 个量）

御手洗团子是人们耳熟能详的日本传统甜品，
此款甜品在传统中注入新意，越吃越有感觉。

a　　　　　　　b　　　　　　　c　　　　　　　d

材料　12 个用量

* 团子

新鲜豆渣	100g
脱脂牛奶	50g
水	50g
芡粉	5 大匙
LAKANTOs	1 小匙
盐	少许

* 浇汁

酱油	15cc
料酒	15cc
LAKANTOs	15g
芡粉	3g
水	10cc

制作方法

① 把制作团子的材料放在深型耐热容器中，充分搅匀。（图 a）

② 在①上加盖或覆以食品保鲜膜，微波炉高火加热 1 分钟左右，取出搅拌。（图 b）

③ 再次覆以食品保鲜膜，微波炉高火加热近 1 分钟后，再搅拌后搓成丸子。（图 c）

④ 在另一个耐热容器中放入制作浇汁所需全部材料，不用加盖，微波炉高火加热 40 秒。取出，搅匀，再加热 30 秒，确认其形状黏稠即可。（图 d）

⑤ 把①浇在已盛盘的豆渣丸子上。

小贴士

· 根据自身喜好，可用竹签把丸子串起，用平底锅煎制后浇汁。

PART 4　用豆渣粉做甜品
Using Okara Powder.

新鲜豆渣干燥后磨成粉状，就是豆渣粉。

低卡路里，富含食物纤维，

使用和保存的便利性都得以提升。

豆渣粉吸水力极强，在制作过程中，

可充分发挥其这一特点。

用豆渣粉做
甜 品
Using Okara Powder.

草莓派
Strawberry Pie

71 大卡
1/12 块

奢侈地使用了大量新鲜草莓的浪漫派。
一口之间，尽享派皮的爽利口感、馅料的酸甜口味。

a   b   c

材料　直径 18cm 派皮模具 1 次用量

* 派皮

豆渣粉	50g
低筋粉	20g
鸡蛋	1 个
蜂蜜	2 大匙
盐	少许

* 馅料

草莓	250g
草莓果酱（低糖）	100g
LAKANTOs	40g
低筋粉	1 大匙
新鲜豆渣	50g
寒天粉	1 小匙
白葡萄酒	1 大匙

制作方法

① 取草莓 200 克，切成一口大小，撒上 LAKANTOs 和低筋粉。见有水分渗出后，将其与 50 克草莓酱、寒天粉混合起来，搅匀。（图 a）

② 剩下的草莓切成薄片，用白葡萄酒、剩余的 50 克草莓酱腌制。（图 b）

③ 把派皮所需材料混合起来，搅拌均匀后放入模具中，平铺、摊薄。

④ 烤箱预热至 200 度，放入③，烤制约 10 分钟。

⑤ 取出④，把①均等地平铺在上面，再用②装饰。（图 c）

⑥ 烤箱预热至 180 度，放入⑤，烤制约 30 分钟。

海枣司康
Dates Scone

166 大卡
1 个

豆渣带来足够的饱腹感,
并与香甜的海枣一道,
给身体补充食物纤维和微量元素!

a   b   c

材料 4 个用量

豆渣粉	30g
高筋粉	60g
脱脂酸奶	100g
海枣	2 个
LAKANTOs	20g
玉米淀粉	30g
烘焙粉	2 小匙
白兰地	1 小匙
盐	少许

制作方法

① 把豆渣粉、高筋粉、玉米淀粉、烘焙粉、LAKANTOs 放在深碗中充分拌匀。(图 a)

② 海枣切碎粒,与酸奶、白兰地一起加入①中。(图 b)

③ 迅速搅拌②,以免结块,用食品保鲜膜包好,放在冰箱冷藏室内静置30 分钟。(图 c)

④ 在案板上撒面粉,用擀面杖把③擀薄,整理成型,放在烤盘上。

⑤ 用软刷在④的表面涂上牛奶(材料之外),放入预热至 200 度的烤箱内,烤制约 15 分钟。

小贴士

·如在第二天之后食用,可用烤面包机轻度烘烤,即可恢复酥爽口感。建议在三天之内吃完。

用豆渣粉做

甜 品

Using Okara Powder.

蓝莓薄荷慕斯

Blueberry Mint Mousse

62 大卡
1 个

这是一款魅力十足的慕斯，蓝莓的紫色分外夺目。
先是新鲜的酸味，随后就是薄荷的清香和清凉。

a

b

c

材料 4 个用量

蓝莓（冷冻或新鲜）……………………300g
豆渣粉……………………………4 大匙
柠檬汁…………………………………30cc
香蕉…………………………………1 根
零卡 PAL SWEET………………2 小匙
白葡萄酒……………………………2 小匙
薄荷叶……………………………………适量

制作方法

① 用柠檬汁和白葡萄酒把豆渣粉调
　开。（图 a）

② 把最后用于装饰的蓝莓及薄荷叶取
　出，搁在一旁。

③ 把剩下的所有材料与①混合起来，
　用搅拌器轻柔搅拌。（图 b）

④ 把③置于冰箱冷藏室内冷却，再用
　大汤匙分到各容器中，最后以②装
　饰。（图 c）

小贴士

· 配方属口感柔和型，可根据个人喜
好适当增加豆渣粉的用量。半冷冻
状态下食用也很具风味。

柠檬方饼
Lemon Squares

88 大卡
1/10 块

这是一款在美国非常受欢迎的甜点。
底座为曲奇口感，馅料为柠檬布丁，
酸味别具一格。

a　　　　b　　　　c

材料 20cm×10cm 方形模具 1 次用量

豆渣粉	30g
低筋粉	90g
鸡蛋	2 个
LAKANTOs	150g
酸奶	70g
柠檬汁	50ml
融化黄油	2 大匙
寒天粉	1 小匙
香草精油	适量

制作方法

① 把豆渣粉、低筋粉、LAKANTOs 50 克、酸奶、融化黄油、香草精油都放在深碗里混合。

② 把①充分搅匀（无结块），平铺在铺好烤纸的模具中。（图 a）

③ 放入预热至 180 度的烤箱内，烤制约 20 分钟。

④ 在柠檬汁中加入 LAKANTOs 100 克、寒天粉，再磕入鸡蛋，进一步搅拌均匀。（图 b）

⑤ 把④倒入③中，放入预热至 170 度的烤箱内，烤制约 20 分钟。（图 c）

小贴士

· 一定要等充分冷却后再切分。可根据个人喜好，撒些糖粉后食用。

用豆渣粉做
甜 品
Using Okara Powder.

巧克力粒曲奇
Chocolate Chip Cookies

61 大卡
1 块

牙齿与巧克力粒相遇时口感是微妙的。
豆渣粉用量够足，但并无豆腥味，回味无穷。

材料 8 块用量

豆渣粉	30g
低筋粉	15g
玉米淀粉	15g
烘焙粉	少许
豆浆	3 大匙
LAKANTOs	20g
巧克力粒	20g
色拉油	1 大匙

制作方法

① 把豆渣粉、低筋粉、玉米淀粉、烘焙粉、LAKANTOs 放在深碗里拌匀。（图 a）

② 把色拉油与豆浆混合后，加入①中，在搅匀之前放入巧克力粒。（图 b）

③ 把②制成适当大小，摆在烤盘上。（图 c）

④ 放入预热至 180 度的烤箱内，烤制约 15 分钟。出炉后，置于铁网上自然冷却。

黄桃派
Peach Cobbler

146 大卡
1/8 块

燕麦片筋道，黄桃多汁，两者完美组合。
冷藏后食用，或加入冰块食用，都很美味。

a

b

c

材料　15cm×15cm 锅形模具 1 次用量

* 派皮

豆渣粉	1/2 杯
燕麦片	1/2 杯
低筋粉	1/2 杯
豆腐	40g
融化黄油	2 大匙
LAKANTOs	2 大匙
盐	少许

* 馅料

黄桃罐头	1 瓶
杏肉果酱（低糖）	1/2 杯
低筋粉	2 大匙
白葡萄酒	1/4 杯
寒天粉	1 小匙

制作方法

① 筲去黄桃罐头的糖水，用杏肉果酱和白葡萄酒腌制。

② 向①中加入寒天粉搅匀，再完整撒上一层低筋粉。（图 a）

③ 把豆渣粉、燕麦片、低筋粉、LAKANTOs、盐放入深碗中混合，再加入豆腐和融化黄油。

④ 用指腹把③捏碎，充分拌匀至碎屑状。（图 b）

⑤ 把②平铺在锅形模具中，再覆盖一层③。放入预热至 170 度的烤箱内，烤制约 20 分钟。（图 c）

小贴士

· 根据个人喜好，可在成品上添加冰淇淋，还可用其他水果制作。

用豆渣粉做
甜 品
Using Okara Powder.

抹茶甜纳豆蛋糕
Green Tea & Sweet Bean Cake

60 大卡
1/12 块

和风食材制成的蛋糕，外观是可爱的玛格丽特雏菊。
风味浓厚的口感之外，更有甜纳豆的清香缓缓扩散。

a

b

c

d

材料 　直径 17cm 雏菊模具 1 次用量

豆渣粉	40g
豆浆	100g
鸡蛋	2 个
甜纳豆	1/4 杯
LAKANTOs	70g
优质粳米粉	15g
烘焙粉	1 小匙
水	100g
抹茶粉	1 大匙
糖粉	适量

制作方法

① 把除鸡蛋及甜纳豆之外的所有材料混合起来，用搅拌器轻柔搅拌。（图 a）

② 把鸡蛋磕入①中，继续搅拌。（图 b）

③ 把甜纳豆加入②中，用扁铲轻轻搅拌，注意不要压碎纳豆。（图 c）

④ 在模具中撒好低筋粉（材料之外），把③倒入模具，放入预热至 180 度的烤箱内，烤制约 30 分钟。（图 d）

⑤ 待模具冷却后，从烤箱中取出，用食品保鲜膜覆盖好，置于冰箱冷藏室内静置一晚。

PART 5 用其他豆腐制品
做甜品——油豆腐、
豆腐皮、冻豆腐干

Using Other Soy Products.

油豆腐、豆腐皮、冻豆腐，

这都是日本料理中常用的食材。

它们与其他豆制品一样营养丰富，

富含优质脂类物质。

我们以全新的创意，

把每种豆制品各自特有的味道和口感

赋予在这些甜品中。

香蕉甜卷
Banana Beignet

91 大卡
1 个

Beignet 是法式甜点，在水果馅料外包裹炸衣后油炸制成。
油炸后的酥脆口感与浓郁的香蕉甘甜相得益彰。

a   b   c   d

材料　8 个用量

油豆皮……………………………1 张
大号香蕉…………………………1 根
鸡蛋………………………………1 个
脱脂牛奶…………………………40cc
LAKANTOs………………………1 大匙
黄油………………………………1 大匙
朗姆酒……………………………1 小匙
香草精油…………………………适量
糖粉………………………………适量

制作方法

① 把鸡蛋、脱脂牛奶、LAKANTOs 放
　在深碗中混合，加入香草精油后搅
　匀。（图 a）
② 油炸豆皮控油、去水分，大略切一
　下，放入①中。（图 b）
③ 香蕉切滚刀块，在②中沾上蛋液为
　炸衣。（图 c）
④ 用加热的平底锅把黄油化开，把③
　煎至两面金黄。（图 d）
⑤ 盛盘，根据个人喜好撒上糖粉。

生姜脆饼
Gingersnaps

69 大卡
1 块

此款生姜脆饼，带着生姜和肉桂的微辣，
唇齿间能感受到细细的油豆腐丝，口感新奇。

a

b

c

材料　20 块用量

油炸豆皮	1 张
低筋粉	1.5 杯
色拉油	50cc
LAKANTOs	80g
小号鸡蛋	1 个
小苏打	1 小匙
糖蜜	30cc
肉桂、生姜粉	1 小匙
丁香	1/4 小匙
盐	少许
绵白糖	适量

制作方法

① 用热水洗去油豆皮上的油分，去除
　水分，切成丝，用烤面包机烤至酥
　脆。小苏打、丁香、低筋粉混合筛
　匀。(图 a)

② 把 LAKANTOs、鸡蛋、色拉油、糖
　蜜放在深碗里混合。(b)

③ 把①和肉桂、生姜粉放入②中搅
　匀，置于冰箱冷藏室内静置 30~60
　分钟。

④ 把③团成数个圆球放在烤盘上，用
　叉子背压扁，撒上绵白糖。(图 c)

⑤ 烤箱预热至 190 度，放入④，烤制
　约 10~12 分钟。

小贴士

·原料不能成型时，可延长冰箱静置
　时间后再操作，或用汤匙舀起后置
　于烤盘上。

樱桃馅饼

Crépe Suzette

210 大卡
1 人份

以油豆皮制作的法式火焰薄饼。
芳醇的樱桃香气，华美成熟的味道。

   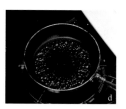

a   b   c   d

材料   4 人份用量

油豆皮	4 张
鸡蛋	2 个
脱脂牛奶	60cc
LAKANTOs	2 小匙
美式樱桃罐头	1 杯
蔓越莓汁	160cc
黄油	2 小匙
樱桃果酒	2 大匙

制作方法

① 用热水冲洗油豆皮，去除多余油分，沥干水分后切成三等分。（图 a）
② 把①浸入以打好的鸡蛋、脱脂牛奶、LAKANTOs 混合均匀制成的蛋液中，再在平底锅内两面煎。（图 b）
③ 用纸巾吸干樱桃上的水分，与煎好的①一起装盘。（图 c）
④ 用平底锅加热黄油及蔓越莓汁，再加入樱桃果酒，加热 30 秒左右后，浇在③上。（图 d）

小贴士

· 在步骤④中，加入樱桃果酒后如能连续以大火去除酒精成分，则香气更突出。

可可薄脆饼

Cocoa Cracker

51 大卡
1 人份
（3 块）

冻豆腐干变身小点心！
可可的微苦味、脆爽的口感，让人欲罢不能。

a　　　　　　b　　　c

材料　12 块用量

冻豆腐干·····················1 盒
加工可可粉·················1 大匙
纯可可粉·····················1 小匙
炼乳·····························1 大匙
水·······························1 大匙

制作方法

① 把冻豆腐干在水中浸泡 20 分钟，
沥干水分，切成 5 毫米厚的大片。
（图 a）

② 把两种可可粉、炼乳加入温热的豆
浆中溶解，倒入盘中。

③ 把①摆放在②中，使其沾满浸透可
可液。（图 b）

④ 把③摆放在烤盘上，放入预热至
150 度的烤箱内，烤制 15 分钟。
翻面再烤 10 分钟，静置待其冷却。
（图 c）

小贴士

· 冻豆腐干用水发后，会吸收人体内
水分，品尝本款甜点时需注意充分
补水。

猕猴桃果冻蛋挞
Frozen Kiwi Tarte

116 大卡
1/8 块

猕猴桃与菠萝的清凉感是本款甜点的亮点。
一口吃到果冻与蛋挞的两种美味，心愿已足！

a

b

c

d

材料 25cm×10cm 模具 1 次用量

＊蛋挞皮

冻豆腐干	2 盒
椰蓉	20g
杏子果酱（低糖）	4 大匙
饼干	5 片

＊蛋挞馅

猕猴桃	3 个
罐头菠萝	2 片
柠檬汁	1 大匙

制作方法

① 把冻豆腐干擦成或压成碎末。将椰蓉在平底锅内略炒。（图 a）

② 饼干压成碎末后，与果酱、①混合，填充在蛋挞模具中。在冰箱冷冻室内静置 1 小时。（图 b）

③ 把馅料材料全部混合在一起，用搅拌器充分搅拌成泥状。（图 c）

④ 把③倒入②中，置于冰箱冷冻室内 2 小时。（图 d）

小贴士

· 冻豆腐干用水发后，会吸收人体内水分，品尝本款甜点时需注意充分补水。

芝麻曲奇

Black Sesame Cookie

32 大卡
1 块

冻豆腐干与黑芝麻都富含食物纤维及微量元素。
本款甜品能补充适合女性的营养物质。

a   b   c   d

材料　20 块用量

冻豆腐干·······················2 盒
鸡蛋··························1 个
低筋粉························40g
LAKANTOs·····················40g
黑芝麻························1 大匙
色拉油························1 大匙
盐···························少许
香草精油······················适量

制作方法

① 把冻豆腐干擦成或压成粉末状，加入低筋粉、LAKANTOs、盐、黑芝麻、香草精油混合。（图 a）

② 将打好的鸡蛋液与色拉油混合，加入①中搅拌均匀。（图 b）

③ 把②放在摊开的食品保鲜膜上，用竹帘卷起，放在冰箱冷冻室内静置 30 分钟至 1 小时。（图 c）

④ 把③切成 4–5 毫米厚的片，摆在烤盘上，放入预热至 180 度的烤箱中，烤制约 12 分钟。（图 d）

小贴士

· 冻豆腐干用水发后，会吸收人体内水分，品尝本款甜点时需注意充分补水。

· 烤好后的成品放置时间长了就会变硬，建议烤好即食，或当天之内吃完。

橙香鲜豆皮松糕
Orange Yuba Trifle

267 大卡
1 个

散发浓厚橙香的果味松糕。

用在甜品中的鲜豆皮，味道和口感一样赞！

a b c d

材料 4 个用量

鲜豆皮·······················4 人份
鸡蛋·····························1 个
蛋黄·····························1 个
LAKANTOs ·····················90g
融化黄油·······················50g
有机橙子·······················2 个
豆腐戚风蛋糕（见前）··········适量
装饰用橙子·····················适量

制作方法

① 橙子榨汁，削下橙皮表层，切碎备用。（约 1 大匙）

② 在深碗中放入鸡蛋、蛋黄、LAKANTOs、橙汁，仔细搅匀，加入橙皮碎搅匀。（图 a）

③ 把融化黄油加入②中，搅匀，用微波炉加热 1 分钟。（图 b）

④ 取出③，搅匀，再次微波炉加热 30 秒，再次搅匀。（图 c）

⑤ 重复步骤④，直至食材呈泥状。食品保鲜膜紧贴在食材表面盖好，放入冰箱冷藏室内冷却。

⑥ 把切成正方形小粒的豆腐戚风蛋糕放在空杯中，加入⑤的一半量。

⑦ 在⑥中放入鲜豆皮，再把剩下的⑤全部加入，最后用橙子片装饰。（图 d）

小贴士

· 鲜豆皮不能久存，一定要及早食用。

· 根据个人喜好，也可以薄荷叶装饰。

黑蜜豆皮羹
Yuba Agar-Agar with Brown Sugar Syrup

38 大卡
1 人份

尽享寒天特殊的口感与纯正豆皮的香味！
淋上黑蜜，即可食用。

材料　1 人量

水…………………………600cc
寒天粉……………………6g
新鲜豆皮…………………4 人份
黑蜜………………………4 大匙
肉桂粉……………………适量

制作方法

① 在锅中加入水和寒天粉，充分搅匀后开火，沸腾 1 分钟。（图 a）
② 把①倒入平盘中，放入豆皮。（图 b）
③ 用筷子把②中的豆皮均匀摊开。（图 c）
④ 把③放入冰箱冷藏室内静置 1 小时，待其冷却凝固。
⑤ 待④凝固后，切成适当大小，盛盘，淋上黑蜜，撒上肉桂粉。

小贴士

· 最后一步也可撒上豆粉、红小豆或淋上枫糖浆食用。

豆皮烤饼
Dried Yuba Roche

25 大卡
1 个

椰丝与豆皮巧妙制成的法式甜品。
酥脆细腻的口感，浑圆可爱的形状。

a   b   c

材料 8 个用量

干豆皮·······················10g
椰丝·························20g
蛋清·························1 个
LAKANTOs····················20g

制作方法

① 干豆皮用水充分发好，与椰丝混
 合。（图 a）

② 把蛋清与 LAKANTOs 加入①中，充
 分搅匀。（图 b）

③ 用汤匙把②舀出呈丸状，均匀摆放
 在烤盘上。（图 c）

④ 把③放入预热至 150 度的烤箱内，
 烤制约 20 分钟，不取出，待其
 冷却。

小贴士

·保存时应将其装入密闭容器内，以
 防受潮，建议在一星期之内吃完。

豆渣甜点
——随时享用不发胖的美味

随时可食用，美味又健康

好味豆腐
——低卡甜点开心吃

用豆腐、豆渣、豆浆、
油豆腐做点心

零负担豆腐甜品

低糖、低脂肪、低卡路里、
健康＆美容

餐桌上的调味百科

从调味、制酱到烹调，掌握配方
精髓的完美酱料事典

烤三明治与法式吐司的
100 种做法

只需一口平底锅，做法超简单！

我的第一本橄榄油菜谱书

史上第一本特级冷压初榨橄榄油
全烹调料理书

用蜂蜜制作家庭保养品

大自然赐予我们的
家庭医药智慧！

薄荷油的乐趣

前田京子 34 种
可轻松自制的薄荷油配方！